AF312820

CAHIERS

DE LA

SOCIÉTÉ DE GÉOGRAPHIE

DE HANOI

LES

RUSES DE LA FORÊT

PAR

LE D^r DE **FÉNIS** DE **LACOMBE**
Professeur à l'École de Médecine et de Pharmacie de l'Indochine.

HANOI

M.CM.XXV

LES RUSES DE LA FORÊT [1]

Il n'est pas encore bien loin le temps où quelques uns d'entre nous pouvaient aller prendre des vacances.

Ces vacances, les uns ont été les passer à la mer, d'autres à la montagne, d'autres enfin, pour jouir d'un repos plus complet, ont préféré un site forestier.

La mer, la montagne, la forêt......

C'est en effet toujours à l'un de ces trois aspects de la Nature que vont nos préférences lorsqu'il s'agit de prendre du divertissement dans un paysage à notre gré ; et parmi ces trois aspects caractéristiques, la forêt semble souvent nous attirer d'une manière plus particulière.

C'est que les parfums qui la traversent, les fleurs qui l'embellissent, les cris et parfois les chants qui l'animent savent solliciter notre attention sans cependant jamais la fatiguer. Il en résulte pour nous un bien-être où nous nous complaisons ; un délassement, une paix intérieure qui font à la vie trépidante des villes la plus heureuse diversion.

Cependant il ne faudrait pas aller trop loin dans cette voie ; il ne faudrait pas, par une erreur assez commune, transposer les sentiments de paix et de repos que nous procure la forêt aux êtres qui la constituent, et projeter sur eux le calme intérieur qui nous envahit à leur vue.

« Les fleurs, dit V.-Hugo
      ne font jamais de reproches à Dieu,
  Des chastes lys, des vignes mures
Des myrtes frissonnant au vent, jamais un cri
Ne monte vers le ciel vénérable, attendri
    Par l'innocence des murmures...... »

Pour beaux que soient ces vers, ils n'en expriment pas moins une idée fausse.

---

(1) Conférence faite à la Société de Géographie, le 9 Décembre 1924.

et publiée dans *Le Moniteur d'Indochine*.

Les luttes de la forêt.

Non il n'est pas exact que les plantes soient satisfaites de leur sort et adressent au ciel un continuel hymne d'actions de grâces. C'est une erreur fondamentale que de voir des images suggestives de concorde et d'attendrissement dans tout ce fouillis de rameaux qui s'élèvent s'entrecroisent et s'enlacent.

La vérité est toute autre.

Sous cet aspect d'immobilité et de bonne harmonie se cachent en réalité de redoutables compétitions L'arbre, avec son fût puissant divisant et subdivisant ses branches par centaines pour épanouir en pleine lumière l'écran de ses quatre vingt ou cent mille feuilles ; l'arbre, avec sa base élargie qui s'arcboute au sol, avec ses rameaux ployés qui se redressent, avec ses branches cassées qui se réparent nous offre l'exemple d'une force continue et tenace opposée à maintes causes de destruction dont il a su triompher et dont il sait triompher tous les jours.

Autour de lui aussi se presse toute une population de végétaux plus humbles qui ne peuvent arriver à vivre sous son ombre qu'au prix de mille subterfuges, de mille petites habiletés de détail, de mille ruses en un mot ; et qui arrivent ainsi par d'ingénieuses finesses à gagner ce droit à la vie que l'arbre, lui, a su conquérir de haute lutte.

Nulle part autant que dans la forêt tropicale cette lutte n'est plus ardente et plus âpre. Bien entendu, c'est dans la zône la plus chaude, à Java, par exemple, qu'elle offre son maximum d'intensité ; mais en Cochinchine et même au Tonkin elle présente encore suffisamment de péripéties pour retenir l'attention du promeneur curieux, de l'observateur averti.

Je voudrais vous montrer aujourd'hui quelques unes de ces ruses pleines d'ingéniosité qu'emploient les végétaux de la forêt, depuis le plus petit jusqu'au plus grand pour se faire au milieu des autres leur place au soleil et à la lumière. Il n'est pas impossible qu'un tel exposé augmente à vos yeux le charme que présente déjà pour vous la forêt et l'intérêt que vous pouvez éprouver à la parcourir.

La forêt tropicale.

Tout d'abord l'impression d'ensemble qui se dégage de la forêt tropicale et une impression d'écrasement. La densité du feuillage, l'enchevêtrement nextricable des lianes, l'ombre, les exhalaisons violentes tour à tour parfumées et fétides qui émanent de cette végétation surchauffée nous accablent et nous rapetissent. C'est une masse solide et compacte de verdure qu'on a devant soi ; et Stanley remarque que ces masses étouffantes sont tellement mêlées enchevêtrées et entrelacées que, si le sommet était plan, il semblerait facile de faire route par dessus.

Dans cet ensemble, l'abondance des plantes ligneuses est remarquable. D'autre part la vitesse de la croissance est prodigieuse. Des bambous peuvent s'allonger en 24 heures de 50 centimètres. On en a observés (1) qui s'étaient allongés de 7 m. 85 en 15 jours, ce qui fait une croissance moyenne de plus de 50 centimètres par jour. A Batavia un Eucalyptus a pris 15 m. de haut en 3 ans et à Buitenzorg une légumineuse (2) s'est élevée dans le même temps à 20 mètres.

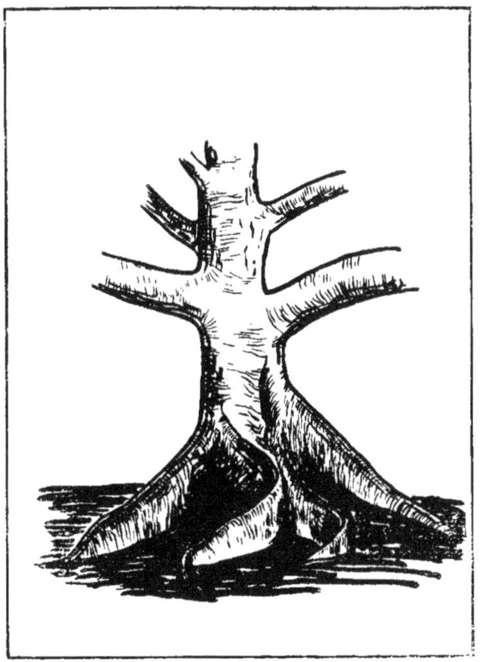

Fig. 1. — Base du tronc d'un banyan montrant les contreforts qui consolident l'arbre.

---

(1) Notamment le Bambusa arundinacea.
(2) Il s'agit du Schizolobium excelsum.

L'arbre.

Dans les régions tropicales, l'arbre acquiert certains caractères particuliers que vous reconnaîtrez non seulement en forêt mais même sur les arbres de nos jardins ou de nos rues.

D'abord c'est la base élargie du tronc renforcée par des sortes de palettes quelquefois rigides et droites, d'autres fois ondulées et serpentant de façon variée (fig. 1) comme on peut l'observer au pied des beaux banyans de l'avenue du grand Bouddha. Puis c'est la haute taille (1) et la ramification tardive. Il en résulte pour beaucoup une forme en parasol ou même en

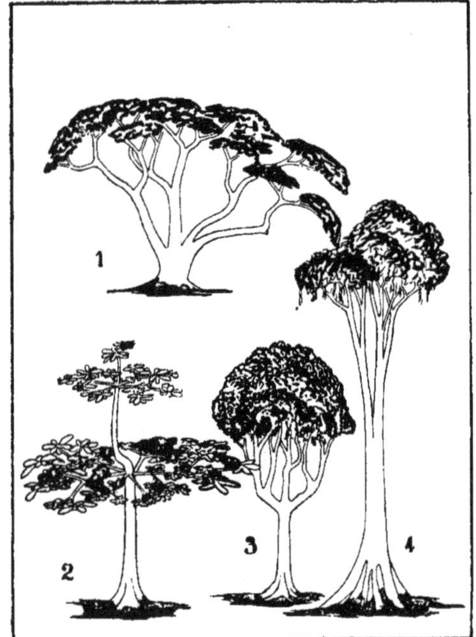

Fig. 2. — Forme en parasol du feuillage des arbres de la forêt tropicale. 1 — Pointiana regia (le flamboyant) Légumineuses. 2 — Terminalia catappa (le badamier) Combrétacées. 3 — Dracontomelum Du Perreanum Térébinthacées. 4 — Alstonia scholaris, Apocynées.

(1) Les Séquoias et surtout les Eucalyptus sont les plus élevés qui existent. On a observé en Australie un Eucalyptus haut de 142 m.

parasols étagés, forme qui est due à la hâte qu'éprouve l'arbre d'atteindre le plus rapidement possible cette zone élevée de la forêt où il pourra respirer librement et exposer toutes ses feuilles à la lumière (fig. 2).

La conquête de l'air et de la lumière est en effet le but suprême que poursuivent tous les végétaux de la forêt. Cette conquête d'autre part n'est pas sans périls car l'air, c'est aussi l'évaporation rapide, dont l'action est funeste sur les organes délicats, et la lumière indispensable à la vie de toute plante verte, c'est aussi le soleil brûlant et meurtrier.

Il n'est donc pas étonnant qu'en général l'épiderme des feuilles soit protégé par une épaisse cuticule qui leur donne un aspect vernissé. Quelquefois les feuilles pendent verticalement pour que le soleil ne les atteigne que sous une incidence très oblique (fig. 3). D'autres fois encore les stomates

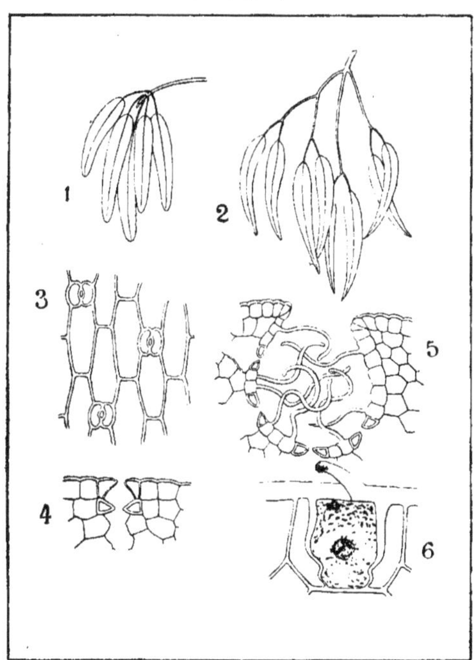

Fig. 3. — 1. — Feuilles pendantes jeunes d'Hydnocarpus anthelminthicus, Bixacées. 2. — Feuilles pendantes d'Eucalyptus. 3. — Stomates de la face inférieure d'une feuille vus à plat. 4. — L'un de ces stomates vu en coupe. 5. — Stomates de Laurier-Rose s'ouvrant dans une cavité bourrée de poils feutrés. 6. — Hydatode, organe spécial servant à retenir l'eau.

des feuilles, ces petites bouches microscopiques formées par l'écartement de deux cellules de l'épiderme formant lèvres, au lieu de s'ouvrir directement à la face inférieure de la feuille, ont accès dans de petites cavités feutrées de nombreux poils qui ralentissent l'évaporation.

Maintes autres dispositions qu'il serait fastidieux de détailler ici assurent à la plante la possibilité de retenir l'humidité malgré l'ardeur du soleil.

Différentes ruses employées.

Mais c'est surtout le menu peuple des herbes qui doit déployer des trésors d'ingéniosité pour vivre à peu près à l'aise au milieu de tant de compétiteurs, pour se procurer sa part indispensable d'air et de lumière et pour se soustraire cependant à l'excessive ardeur des éléments.

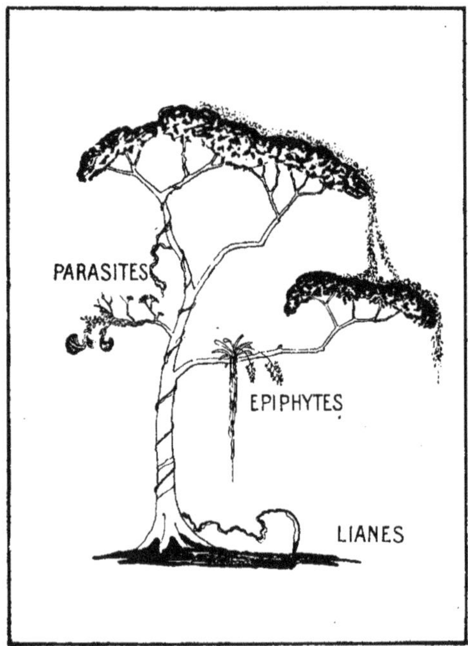

Fig. 4. — Schéma montrant les trois catégories de plantes qui vivent aux dépens de l'arbre : les lianes, les épiphytes, les parasites.

Parmi ces ruses il en est trois grandes sortes comportant chacune d'innombrables variantes.

La première consiste, pour un arbuste déjà ligneux mais pas assez robuste cependant pour s'élever droit tout seul, à grimper après les grands arbres en s'enroulant autour d'eux. C'est la manière d'être des *Lianes* (fig. 4). Grâce à cet artifice, un arbuste frêle et mal charpenté arrive cependant à épanouir ses feuilles et ses fleurs au sommet des plus grands arbres et même parfois à leur retirer le bénéfice de l'air et de la lumière que ceux-ci avaient si honorablement gagné.

La deuxième est à la portée des herbes les plus humbles. Elle consiste à se percher sur les branches basses ou élevées des arbres, au niveau qui leur convient le mieux, et à se procurer ainsi la part d'aération et d'éclairement qui leur est exactement nécessaire. Ce sont les plantes perchées ou *Epiphytes*.

Une troisième exploitation de l'arbre est réalisée par d'autres plantes qui, non contentes de vivre sur les branches de leur hôte, plongent leurs racines dans son bois et vivent à ses dépens en dérivant à leur profit ses sucs nutritifs. On les désigne d'un mot qui convient aussi à une partie de l'animalité et même de l'humanité : Ce sont les *parasites*.

On comprend dès maintenant comment la forêt tropicale peuplée de grands arbres qui épanouissent leur cime le plus haut possible, offre à tous les niveaux une étonnante densité de feuillages et déborde à tous les étages d'une végétation inépuisable.

Seule, la surface du sol ne présente pas l'aspect herbeux et fleuri auquel les bois des pays tempérés nous ont habitués. C'est un amoncèlement de branches cassées, une fouillis de végétaux morts et de jeunes plantes s'essayant à la vie sur un sol incertain où l'eau divisée à l'infini s'infiltre à travers un humus épais.

Les lianes.

De ces chaos, voici un arbuste qui émerge. Sa tige frêle et élancée s'élève en grand hâte car l'air est étouffant et l'ombre est épaisse dans cette zone basse et humide. La chaleur et l'humidité favorisent la croissance rapide ; l'ombre la stimule au plus haut point. Regardez plutôt comme pousse avec hâte une plante qui est laissée dans une cave. Sa tige est deux fois plus élancée qu'à l'air libre, ses entre-nœuds trois ou quatre fois plus longs qu'à la lumière.. Il en est ainsi de notre arbuste.

Mais une telle croissance hâtive ne va pas sans dangers. La tige a poussé trop vite, elle est trop frêle ; elle s'incline et tombe. La partie semble perdue et voilà notre arbuste destiné sans doute à accroître de sa faible masse l'humus dont il est à peine sorti ?

Mais non ! Il va ruser avec le destin contraire. Est-ce une clématite ? Elle va pousser ses feuilles et ses rameaux perpendiculairement à la tige et s'en fera autant de bras tendus capables de s'appuyer sur n'importe quel support qui se présente (fig. 5) Ainsi également fait le bambou-liane. Il émet à chaque nœud un bouquet de rameaux horizontaux qui lui constituent comme autant de pointes d'accrochage.

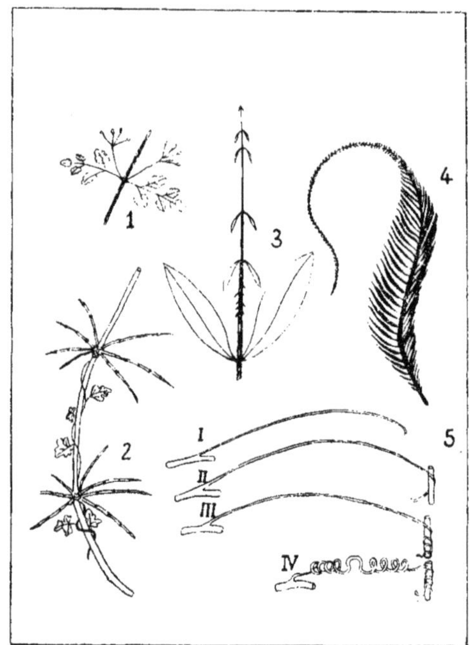

Fig. 5. — Comment la plante s'apprend à grimper. 1. — La Clématite. 2. — Le bambou-liane. 3. — Le Desmuncus (palmiers) et 4. — Le rotin (palmiers) montrant leurs folioles en harpon. 5. — Le mécanisme des vrilles : I, la jeune vrille à la recherche d'un tuteur, II et III, la vrille s'enroule autour du tuteur, IV, la vrille s'enroule autour d'elle-même pour rapprocher de son tuteur la plante qui la porte.

Les palmiers sont des arbres à tige dressée. Il en est pourtant qui n'ont point la force nécessaire pour se tenir droits ; le rotin par exemple. Aussi voit-on ses feuilles s'allonger et les folioles du sommet de chaque feuille se recourber en forme de harpons. D'autres plantes font un peu mieux ; elles ne se contentent pas de s'accrocher à un support, elles se haussent jusqu'à lui une fois qu'elles l'ont atteint avec un de leurs prolongements affectés à cet usage ; et l'on connaît le mécanisme si banal mais si curieux néanmoins des vrilles. Le voici résumé en quelques mots :

1e La vrille pousse toute droite, à peine arquée, et s'étend rapidement.

2e Si elle touche un objet en un point quelconque de sa longueur, elle se recourbe en ce point et toute la portion de la vrille qui est du côté du sommet s'enroule en spirale jusqu'au bout autour de l'objet touché. Voilà la vrille solidement attachée par deux ou trois tours de spire, quelquefois beaucoup plus.

3e Toute la partie basilaire de la vrille, celle qui est restée droite jusqu'ici se tord maintenant en deux spirales symétriques et de sens contraire raccourcissant l'espace qui séparait la plante de son support.

D'autres remplacent ces vrilles par des racines adventives, par des crampons (fig. 6) par des épines ; d'autres ne poussent pas seulement des tiges spéciales qui deviennent des vrilles, elles transforment en vrilles leurs feuilles, quelques folioles de leurs feuilles et jusqu'aux stipules de ces feuilles.

Les plus habiles d'ailleurs ne se contentent pas d'envoyer un de leurs appendices à la recherche du support ; elles grimpent elles mêmes en enroulant autour du support leur propre tige, ce qui est bien plus solide et plus sûr, du moins si le support rencontré est bon. Mais s'il ne l'est pas, qu'importe ! La liane en est quitte pour retomber, pour ramper encore, faire une nouvelle tentative autour d'un autre support et ainsi de suite. C'est ainsi qu'on voit des lianes qui ont poussé deux ou trois cents mètres de tige presque sans rameaux et avec un minimum de feuilles. C'est seulement alors qu'elles peuvent enfin épanouir un véritable parterre de feuilles et de fleurs au sommet d'un arbre élevé et par-dessus les feuilles et les fleurs de ce dernier qui en sont quelquefois presque étouffées.

Un si étrange genre de vie ne va pas sans de profondes modifications dans la structure de ces plantes et nous allons nous y arrêter un instant.

Pour porter la sève des racines de la liane jusqu'à son sommet en traversant une longueur de tige parfois démesurée, il faut des vaisseaux spéciaux d'une largeur inusitée. De plus la liane s'enroulant constamment autour de son support, ses faisceaux ligneux ne peuvent comme dans les tiges droites, former un cylindre de bois homogène. La masse ligneuse se fragmente en plusieurs cordons séparés qui ressemblent aux différents torons d'une corde.

La ressemblance de ces faisceaux ligneux distincts avec les torons d'une corde est exacte jusque dans les détails, voici pourquoi. Prenez plusieurs brins de ficelle tendus parallèlement et enroulez les autour d'un bâton arrondi ; vous allez voir les brins se tordre d'eux mêmes, et cette torsion sera en sens inverse de la torsion du faisceau autour du bâton. Il en est de même dans la liane. Les faisceaux ligneux distincts sont tordus de droite à gauche dans le corps de la liane si la liane est enroulée de gauche à droite, et vice versa.

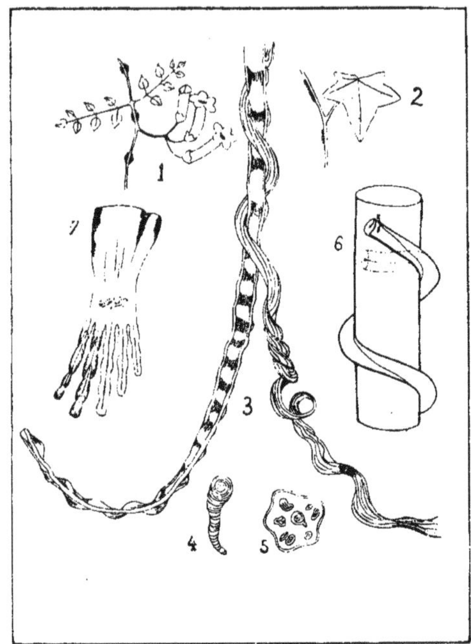

Fig. 6. — 1. — Les branches à crampons du Bignonia. 2. — Les crampons du lierre. 3. — Tiges de lianes : Bauhinia anguina (échelle de singes) et Lonicera ciliosa. 4 et 5. — Coupes de ces tiges montrant la déformation et la fragmentation des faisceaux libéroligneux. 6. — Schéma de l'enroulement et de la torsion d'une liane. 7. — Les tendons digitaux des muscles longs fléchisseurs profonds de la patte antérieure de l'Ours des cocotiers (Ursus malayanus) montrant la torsion des fibres tendineuses dans chaque moitié du tendon de chaque doigt.

Mais la torsion des faisceaux eux-mêmes, pourquoi existe-t-elle ? Ici intervient une nécessité mécanique facile à comprendre. La tige en général est un organe qui a tendance à pousser symétriquement tout à autour de son axe. Tous les faisceaux auront donc naturellement tendance à pousser de la même longueur. D'autre part, lorsque le cylindre de la liane s'enroule autour de son support, ce cylindre enroulé comprend naturellement une génératrice concave qui est plus courte et une génératrice convexe qui est plus longue. Il paraît donc inévitable que les faisceaux de la liane, pour se maintenir à peu près tous d'égale longueur soient contraints, par un trajet sinueux, de passer tous alternativement du côté concave qui est le plus court au côté convexe qui est le plus long. C'est à ce prix seulement qu'ils peuvent garder la même longueur dans l'intérieur de la liane.

Il convient de remarquer que la même nécessité mécanique régit les fibres de nos tissus. Les muscles fléchisseurs des doigts par exemple se terminent au niveau de la main et des phalanges par de longs tendons qui, lorsque nous empoignons les objets pour les lâcher ensuite, s'enroulent et se déroulent alternativement autour de lui. Or j'ai montré (1) que ces tendons fléchisseurs, à la main comme au pied, et chez l'homme comme chez les autres mammifères, ont leurs fibres tordues en spirale en raison de ces circonstances ; et que le degré de cette torsion est strictement corrélatif du degré de la flexion.

On comprend que c'est la même nécessité mécanique qui fait que les torons d'un cable sont tordus les uns autour des autres. S'ils ne l'étaient pas, ces torons seraient inégalement tendus lorsqu'on enroule la corde autour d'un treuil, par exemple, et la corde dans son ensemble ne présenterait aucune solidité.

Il s'en faut d'ailleurs de beaucoup que toutes les lianes présentent une tige cylindrique. Très souvent la dissociation des faisceaux ligneux entraîne comme conséquence leur déformation, leur croissance inégale ou exubérante ; et la liane, tantôt s'enroule irrégulièrement, tantôt s'applatit ou se fronce, produisant les aspects les plus variés et les plus imprévus.

Les épiphytes.

Beaucoup de plantes n'arrivent même pas au degré de solidité des lianes. Il leur faut vivre cependant et par conséquent employer d'autres artifices. Ne parlons pas de ces petites lianes en miniature que sont les plantes herbacées volubiles. Tout ce que nous venons de dire des lianes s'applique à elles avec moins de netteté à cause de leur moindre degré d'organisation. Nous allons examiner maintenant le mode d'existence des plantes qui vivent perchées sur les branches des arbres.

Et tout d'abord, de même qu'une plante n'est pas devenue liane tout d'un coup, de même observation nous montre beaucoup de plantes en train

---

(1) — F. de Fénis. Structure des tendons digitaux des muscles longs fléchisseurs chez l'Homme et les Mammifères. Archives de zoologie expérimentale et générale, Paris 30 juin 1915.

d'apprendre leur métier de futures épiphytes et de s'y exercer de leur mieux.

Voici par exemple la Vanille. Cette orchidée bien connue est d'abord une liane. Elle naît à terre et grimpe le long d'un support. Mais il arrive souvent que, par suite d'une circonstance quelconque, le pied de la liane soit blessé ou coupé. Dans ce cas la plante a déjà suffisamment pris pied sur l'arbre pour supporter cette mutilation. Elle vivra désormais détachée de terre.

Voilà donc une liane qui a trouvé le moyen de grimper à un arbre et d'y vivre en abandonnant le sol.

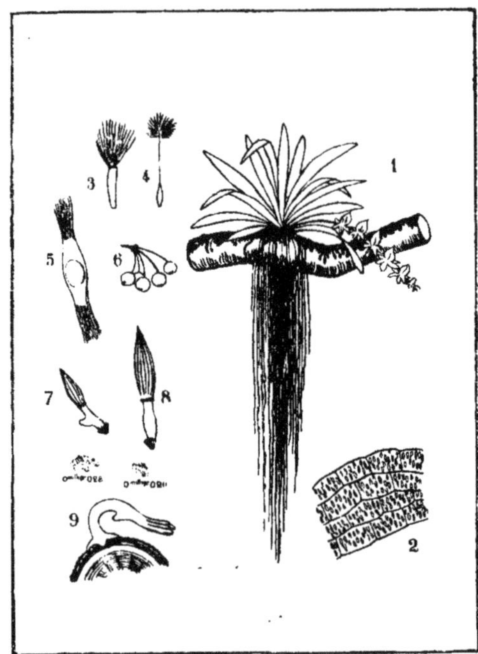

Fig. 7. — 1. — Orchidée épiphyte montrant ses racines nourricières pendantes et ses racines fixatrices dites racines-ficelles. 2. — Coupe histologique de la zone superficielle des racines pendantes d'une orchidée épiphyte, cette coupe montre les parois des cellules subérifiées et vides de protoplasme. L'eau qui les touche est absorbée comme par un papier buvard ; mais, une fois entrée, son évaporation est très lente. 3, 4 et 5 Différents fruits à aigrettes ou ailés. 6. — Fruits succulens. 7. — Plantules de graines épiphytes ayant germé et montrant la calotte protectrice de la coiffe à l'extrémité de la racine. 9. — Radicule de plante épiphyte montrant son disque adhésif fixateur au milieu duquel la racine commence à s'enfoncer.

Il est par contre des plantes perchées de naissance qui ne peuvent vivre
que perchées et dont les graines ne peuvent germer que si elles sont déposées
sur une branche. Celles là, qu'on pourrait appeler les épiphytes vraies, sont
obligées de prévoir toute une série de dispositifs en rapport avec ce genre de
vie très spécial.

D'abord les graines doivent être munies d'ailes ou d'aigrettes pour que le
vent puisse les porter longtemps et leur permettre de rencontrer l'indispensable support. Si la graine n'est pas aigrettée, il faut qu'elle soit succulente
et savoureuse pour les oiseaux ou encore collante à leur bec pour que ceux-ci
après les avoir picorées soient obligés de se frotter le bec contre la branche
où ils se sont perchés et ainsi fixent la graine à l'endroit propice Dans
d'autres cas, la graine est si légère et si ténue qu'elle s'envole comme un
grain de poussière, circonstance favorable aussi à sa fixation sur une branche.
On connaît ainsi des semences qui pèsent deux centièmes de milligramme (1)

Une fois portée sur sa branche par une circonstance favorable, il faut que
la graine y germe. Nouvelle difficulté. Pour la vaincre, la radicule récemment
sortie de la graine s'épanouit à son extrémité en un disque qui colle à l'écorce
(fig. 7). A la faveur de cette adhérence, la radicule, faisant saillie au milieu
du disque adhésif, peut continuer à attaquer l'écorce et à la perforer.

Voici donc la plante partie. Dès que sa masse va commencer à s'accroître,
un nouveau danger l'attend : comment va-t-elle faire pour se tenir en équilibre? Un coup de vent ne va-t-il pas l'abattre?

Pour parer à ce danger, les plantes épiphytes ont fréquemment deux
sortes de racines. La première est constituée par des racines nourricières
pendant verticalement et construites de manière à absorber l'eau et ensuite
à ne pas la laisser évaporer. Ces racines concourent à la nutrition de la plante
par leur fonction chlorophyllienne. La seconde est constituée par les racines
fixatrices. Ce sont des racines très solides, très fibreuses qui embrassent
étroitement la branche sur laquelle la plante est fixée, en suivant toujours
les courbures de plus petit rayon (2)

---

(1) La graine du Rhododendron verticillatum pèse 0 milligr. 028 et celle de l'Eschy-
nanthus 0 milligr. 020.

(2) Voici quelques exemples des cas cités ci-dessus :
La Monstera deliciosa est, comme la Vanille une hémiépiphyte qui pousse d'abord sur
le sol et ne perd que secondairement contact avec lui. De même le Pothos que l'on voit
partout à Hanoï, dans les jardins, autour du Petit-Lac, au Square Paul-Bert, étalant
ses feuilles larges et panachées, en forme de cœur. Parmi les épiphytes vrais :
Le Freycinetia angustifolia n'a que des racines nourricières. Le Freycinetia Strobila-
cea a des racines nourricières normales et des racines fixatrices. Le Freycinetia Java-
nica a toujours des racines fixatrices et quelquefois seulement des racines nourricières.
Le Freycinetia Imbricata n'a que des racines fixatrices.

Grâce à tous ces artifices, voici donc la plante debout sur sa branche. Une question autrement impérieuse se pose maintenant pour elle : Comment vivre ? ou plutôt comment ne pas mourir ? car du haut en bas de la forêt tropicale, les dangers sont nombreux et variés.

En bas l'atmosphère est tellement surchargée d'humidité que l'eau ruisselle presque constamment sur les branches des arbres. C'est une véritable noyade que les plantes perchées ont à redouter.

Plus haut, dans la zone intermédiaire, où l'on est éloigné du sol comme de l'eau ruisselante, le danger principal c'est l'inanition.

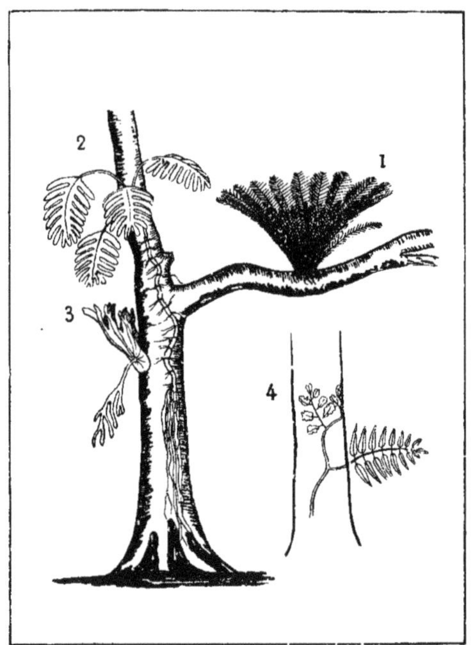

Fig. 8. — 1. — Fougère épiphyte à terreau de la région moyenne de la forêt tropicale. 2. — Philodendrum pertusum, aroïdée épiphyte ayant perdu secondairement contact avec le sol. 3. — Platyceras grande fougère épiphyte à terreau avec sa feuille dressée en entonnoir destinée à recueillir les feuilles mortes, les poussières et l'eau, et son appareil végétatif lacinié pendant 4. — Teratophylium aculeatum, Fougère épiphyte des régions basses ruisselantes, montrant des feuilles à consistance d'algues, collées contre le tronc d'arbre qui porte la plante, et les feuilles aériennes dressées.

Plus haut encore, vers la cime des grands arbres, le danger le plus redoutable c'est la dessiccation sous les rayons directs d'un soleil de feu.

Nous allons voir toutes les ruses déployées par les plantes perchées pour éviter ces écueils.

D'abord la noyade (fig. 8) Voici comment certaines fougères l'évitent : Elles forment deux sortes de feuilles. Les unes sont conditionnées comme de véritables algues, c'est-à-dire qu'elles sont molles et finement découpées à la manière des feuilles d'eau. Elles sont pauvres en vaisseaux et s'appliquent sur la surface suintante des arbres comme un chiffon mouillé. Ainsi adaptées à un genre de vie franchement aquatique, elles ne souffrent pas. Pendant ce temps, d'autres feuilles toutes différentes de forme et de structure se détachent de la tige commune et s'épanouissent dans l'air comme le font ordinairement les feuilles.

Voici comment les épiphytes de la région moyenne évitent l'inanition.

Elles disposent leurs feuilles en entonnoir ; et, dans cet entonnoir qui a pour fond la branche du support et les racines de la plante portée, viennent s'accumuler toutes les feuilles qui tombent, toutes les brindilles qui se cassent, ou que les animaux grimpeurs de la forêt font tomber au cours de leurs évolutions. Il se constitue ainsi un terrain suspendu dont la plante se nourrit, et qui, au pied de certaines orchidées très prolifères, a pu atteindre deux mètres de diamètre (1).

Reste le troisième écueil : la dessiccation. C'est ici que les plantes des régions hautes de la forêt ont su redoubler d'ingéniosité (fig. 9) Les unes comme cette fougère (Polypodium imbricatum) étale sa tige et la recourbe en une sorte de tunnel dans l'intérieur duquel les racines peuvent vivre à l'abri d'un soleil meurtrier. Les autres comme le Conchophyllum, fréquent dans la haute région du Tonkin, ont des feuilles disposées en boucliers sous lesquels également les racines se mettent à l'abri.

Une autre asclépiadée de Java fait mieux (2). Plusieurs feuilles se soudent entre elles pour constituer une urne dans laquelle les racines sont abritées. D'ailleurs comme cette urne est étanche, l'eau s'y accumule avec les détritus végétaux ; et les fourmis même, trouvant là un asile à leur gré, viennent souvent y élire domicile.

Mais parmi les transformations que la lutte contre la dessiccation impose aux plantes, l'une des plus profondes est probablement celle qu'on

---

(1) Il s'agit du Grammatophyllum gigantesque de Java. D'un seul pied de cette orchidée suspendue s'élèvent parfois 500 à 600 hampes florales où s'épanouissent au même moment jusqu'à cinq mille fleurs.

(2) C'est la Dischidia rafflesiana, asclépiadées.

observe chez une orchidée épiphyte: l'Acranthus fasciola. Cette plante en effet
n'élève au-dessus de la branche qui la porte, et n'expose par conséquent aux
rayons du soleil les plus ardents, que de minuscules tiges couvertes d'écailles, et de courtes inflorescences également protégées par des écailles. Tout

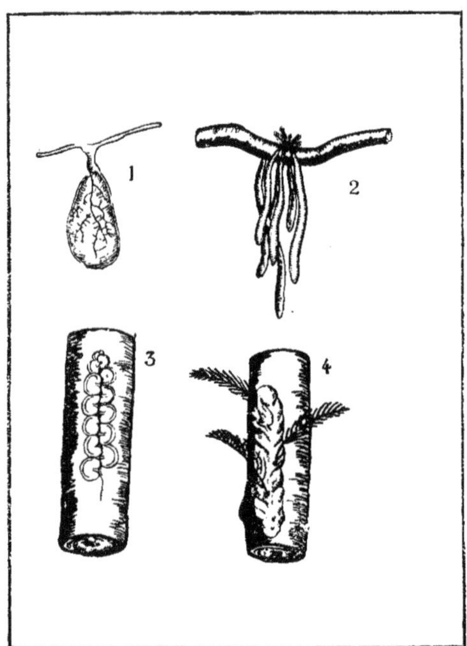

Fig. 9. — 1. — Dischidia rafflesiana (Asclépiadées), montrant
ses racines abritées dans une urne formée par plusieurs
feuilles soudées (l'urne est supposée vue en coupe longi-
tudinale) 2. — Acranthus fasciola, orchidée dont presque
toute la partie végétative est située au-dessous de la
branche qui la porte. 3. — Conchophyllum imbricatum
(Asclépiadées) 4. — Polypodium imbricatum.

le reste du végétal pend au-dessous. Il est probable qu'un manque d'équilibre dû à l'inaptitude à produire des racines fixatrices entre aussi comme
cause importante dans cette disposition. Quoiqu'il en soit, presque toute la
plante est au-dessous de la branche qui la porte. Ses racines notamment
sont rubanées et vertes comme de véritables feuilles dont elles remplissent
les fonctions.

Si nous cherchons à résumer ces différentes manières d'être des plantes épiphytes, nous sommes amené à dire que les unes nées du sol grimpent sur les arbres, s'y fixent et perdent secondairement leur attache au sol, que d'autres se perchent dès leur naissance et se dressent sur les branches à l'aide de rac'nes qui les y fixent solidement, que d'autres enfin préfèrent se dispenser de tant d'effort et pendent au-dessous de la branche qui les soutient.

On ne peut se défendre de comparer ces modes de fixation des plantes aux manières de grimper aux arbres qu'emploient les animaux. Il y a à ce point de vue entre les deux règnes une analogie vraiment saisissante.

M' R. Anthony, Professeur d'Anatomie comparée au Muséum, a en effet montré que lorsqu'on étudie la vie arboricole des animaux, on est amené à ranger ceux-ci en trois catégories suivant la manière dont ils se tiennent aux branches des arbres.

Les premiers sont les marcheurs ; ils vivent ordinairement sur le sol ; et lorsqu'ils sont sur un arbre, ils marchent sur ses branches comme ils marcheraient à terre. On peut prendre le chat pour type des animaux pratiquent ce mode de progression appelé « la marche arboricole ».

La vanille elle aussi, par un parallélisme que la fig. 10 met en évidence, part du sol et grimpe à la manière d'une plante terrestre.

D'autres animaux, comme les singes, ne se contentent pas de marcher sur les branches ; ils les embrassent de leurs extrémités préhensiles. La « préhension arboricole » qu'ils pratiquent, est, on le voit, tout à fait comparable à la préhension des branches par les racines ficelles de certaines orchidées.

Enfin les Paresseux, comme l'Unau et l'Aï, trop lents et trop peu énergiques pour se maintenir en continuel équilibre, ont préféré se laisser basculer et vivre comme pendus à leur support par leurs quatre membres transformés en crochets. C'est là, on le voit un mode de « suspension arboricole » que l'on peut assez exactement rapprocher de la manière de vivre de notre Aéranthus fasciola.

Les parasites

Il nous reste à étudier les parasites. Ce sont les plantes qui, non contentes de se fixer aux branches des arbres, vivent encore à leurs dépens. Ce sont en somme des épiphytes, mais plus agressives que les précédentes. On ne s'étonnera donc pas trop de retrouver parmi elles des formes semblables à des lianes et des formes semblables à des épiphytes. D'autres enfin, formant une troisième catégorie, parasitent les racines par leurs racines mêmes ; et, tout se passant sous terre, on ne s'aperçoit de leur qualité de parasites que par ce qu'elles sont plus ou moins complètement dépourvues de chlorophylle.

Parmi les parasites lianoïdes, la cuscute est une des plus célèbres. Nous n'allons pas refaire son histoire. Disons seulement que la graine de cette plante germe sur le sol et peut y vivre dix jours. Il en sort une courte racine qui meurt bientôt et une tige allongée et filiforme qui, avant d'avoir épuisé les réserves de la graine doit trouver une tige à parasiter. Si elle ne la trouve pas, c'est la mort à brève échéance. Si elle la trouve, elle s'enroule autour d'elle deux ou trois fois en poussant des suçoirs tout le long de la partie enroulée. Ensuite, fortifiée par ce premier repas, elle se redresse et pousse en longueur de nouveau pour atteindre une nouvelle tige. C'est une manière très judicieuse d'exploiter son hôte sans l'épuiser complètement.

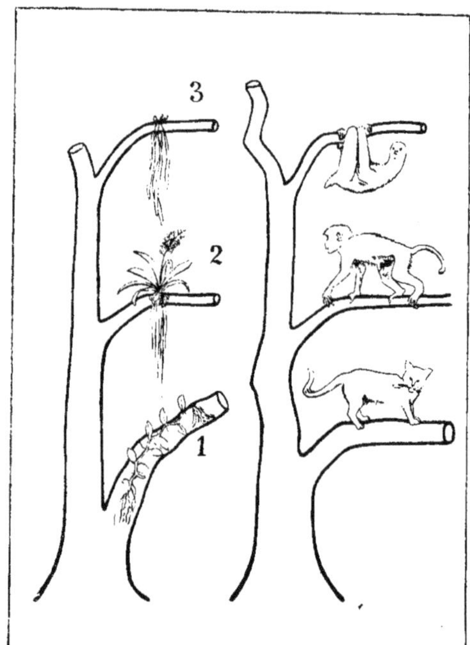

Fig. 10. — Schéma établissant un parallèle entre les manières de grimper des plantes épiphytes et les trois modes fondamentaux de l'arboricolisme chez les animaux : la marche arboricole, la préhension arboricole et la suspension arboricole (voir le texte).

Il va sans dire que la cuscute une fois bien fixée, sa racine et son attache au sol n'existent plus. Elle est devenue un parasite épiphytoïde.

D'autres parasites sont épiphytoïdes d'emblée et pour ceux-là, les difficultés de germination sont les mêmes que pour les simples plantes épiphytes (fig. 11). Le Gui et le Loranthe sont les types les plus connus de ce genre de parasitisme.

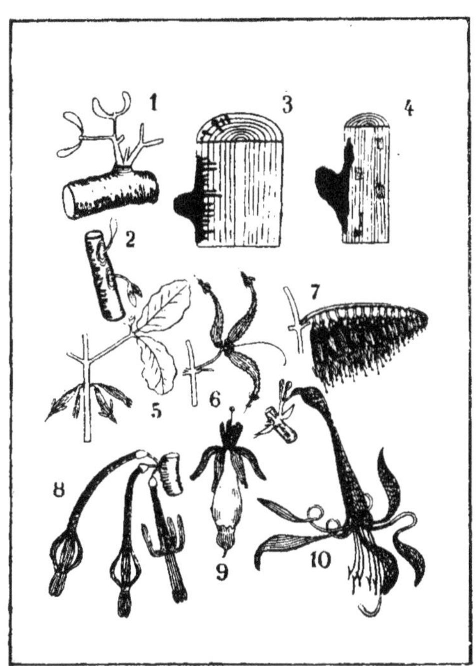

Fig. 11. — 1 et 3. — Mode d'implantation d'un rameau de Gui sur une branche de pommier. 2. — Germination de deux plantules de Gui montrant le disque fixateur. 4. — Mode d'implantation d'un suçoir de Loranthe. 5. — Fleur de Loranthus fasciculatus. 6. — Fleur de Loranthus lepidotus. 7. — Fleur de Loranthus insignis 8. — Fleur de Loranthus formosus. 9. — Fleur de Loranthus pentandrus. 10. — Fleur d'un genre voisin : Le loxanthera speciosa.

C'est surtout dans la forêt tropicale que l'on rencontre de nombreuses espèces de Loranthes remarquables par la beauté de leurs fleurs. Le parasite suit la branche sur laquelle il est né et l'épuise petit à petit par ses crampons qui la jalonnent ; si bien qu'on voit la branche parasitée pogressivement dépérir pendant que, par une progression exactement inverse, le Loranthe se fortifie d'autant et finit par épanouir son bouquet de fleurs à l'extrémité de la branche morte de l'hôte. C'est en somme une véritable greffe.

Mais c'est parmi les parasites épirhizoïdes que se rencontrent les types les plus curieux et les plus aberrants. Ils forment une gamme où toutes les nuances sont représentées, depuis le Mélampyre jusqu'à la Néottie et l'Orobanche.

La forêt tropicale abrite des espèces volumineuses de ce groupe comme la Burgmansia Zippelii, ou monstrueuses comme la Rafflesia Arnoldi (fig. 12). Cette dernière, originaire de Java, produit une fleur qui est bien

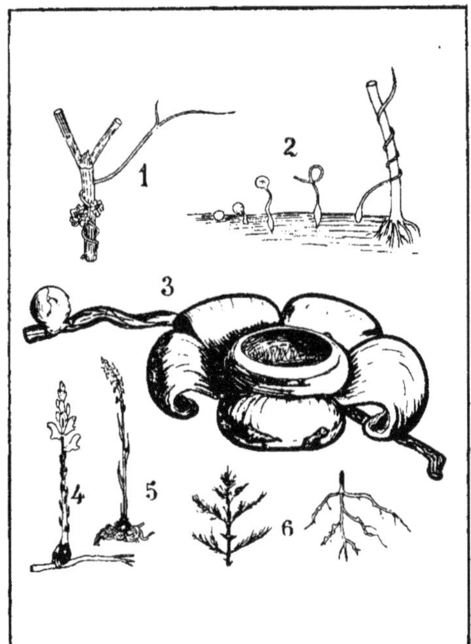

Fig. 12. — 1. — Fleur de Cuscuta minor sur une luzerne. 2. — Germination de la cuscute. 3. — Un bouton et une fleur épanouie de Rafflesia Arnoldi. 4. — Suçoir de l'orobanche. 5. — « Nid » de racines de la Neottia (orchidées). 6. — Rameau fleuri et racines à suçoirs du Mélampyre des prés (Scrofulariacées).

la géante du règne végétal. Son diamètre atteint en effet un mètre. Elle est rouge sombre, charnue, hérissée de papilles et répand lorsqu'elle se flétrit une odeur nauséabonde de viande putréfiée qui appelle de loin les insectes. Cette fleur, qui se développe au ras du sol, est portée par un appareil végétatif très rudimentaire.

Une autre rafflésiacée, le Pilostyle présente une réduction encore plus extraordinaire de l'appareil végétatif (fig. 13). Ici en effet il est réduit à un

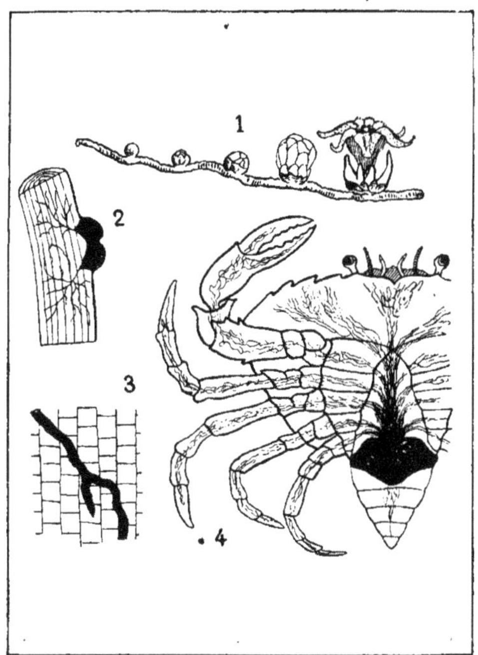

Fig. 13. — 1. — Boutons et fleur de Burgmansia Zippelii (Rafflésiacées) parasitant une racine de Cissus. 2. — Appareil végétatif et fleurs de Pilostyle (Rafflésiacées). 3. — Coupe histologique du bois d'un arbre parasité par le pilostyle. 4. — Un crabe dont tous les tissus sont envahis par une sacculine afin de montrer les caractères de convergence que le parasitisme a imposés à la sacculine comme au pilostyle, à l'animal comme au végétal.

lacis de filaments microscopiques courant à travers le bois parasité et, cette fois, sur la tige. Pendant longtemps ces filaments ont été pris pour un champignon parasite et il a fallu la découverte des fleurs pour que l'erreur commise fût reconnue. Ces fleurs se présentent avec l'aspect de boutons émergeant à peine de l'écorce de l'arbre au moment de la floraison.

Ici encore une comparaison s'impose entre la déformation extrème que le parasitisme fait subir à cette plante et celle tout à fait semblable qu'il fait également subir à un animal dont l'histoire fut découverte par Yves Delage ; la Sacculine.

Cet animal paradoxal commence par être une larve analogue à celle d'autres crustacés ; puis ses antennes, après s'être fixées à l'abdomen d'un crabe, se transforment en une véritable aiguille à injection par laquelle toute la substance de la larve s'injecte dans l'intérieur du corps du crabe parasité. A partir de ce moment tout le corps du crabe est progressivement envahi par un lacis de filaments ramifiés ; et, à l'époque de la reproduction, cet appareil filamenteux, qui constitue à ce moment tout le parasite, pousse à l'extérieur sous l'abdomen du crabe une tumeur volumineuse où les éléments reproducteurs arrivent à maturité.

On voit par cette description que la ressemblance entre la plante parasite et l'animal parasite, entre le Pilostyle et la Sacculine est frappante. D'un côté comme de l'autre, le corps de l'individu, réduit par le parasitisme au dernier degré de la déchéance organique, n'est plus qu'un simple lacis de filaments comme chez les champignons et chez les algues inférieures ; Seul l'appareil reproducteur sans lequel il n'y a pas de continuation possible de la vie, conserve le type du groupe auquel l'animal et la plante appartiennent.

La Symbiose

A côté du parasitisme, si fréquent dans la forêt tropicale, existe un mode de vie spécial qui se rapproche du parasitisme par l'emprunt qu'il fait à un hôte, mais s'en distingue parce qu'il ne fait pas seulement que lui nuire ; il lui rend aussi par réciprocité quelques services. Ce mode de vie s'appelle la Symbiose.

A la vérité la distinction n'est pas toujours facile à établir entre un parasitisme toléré et une symbiose. La question s'est posée déjà autrefois au sujet du Gui. Le Gui vit en parasite, disait-on, sur les branches du pommier dont il s'approprie la sève et aux dépens duquel il vit.

Il faut corriger cette appréciation en considérant que le Gui, plante toujours verte, ne peut se nourrir aux dépens de la sève du pommier que pendant le temps où celui-ci en fabrique avec ses feuilles. Le reste du temps, c'est-à-dire lorsqu'on voit les branches du Gui verdoyer sur un arbre dépourvu de toute verdure, on a de bonnes raisons de penser qu'à ce moment l'arbre fruitier emprunte à son tour quelque chose de ce que peuvent élaborer encore les feuilles vertes et charnues du Gui.

De curieuses Symbioses se révèlent aussi dans les racines des orchidées.

La plupart de ces plantes n'ont pas de poils absorbants à leurs racines (fig. 14). Pour les remplacer, il existe un champignon qui forme un peloton

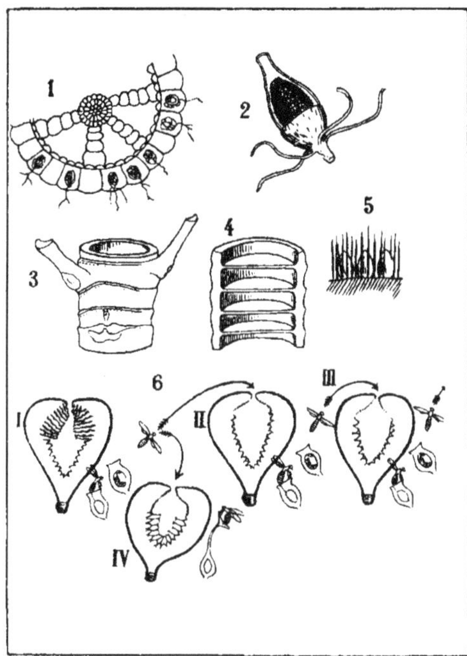

Fig. 14. — I. — Coupe histologique d'une racine d'orchidée (Burmannia) montrant les mycorhizes. 2. — Estomac d'insecte en partie ouvert montrant les champignons qui se sont développés sur le contenu stomacal. 3. — Fragment du tronc de Cecropia adenopus (Urticacées) abritant la fourmi Azteca instabilis 4. — Coupe du même. 5. — Organe de Müller à la base des feuilles de Cecropia, et dont les fourmis se nourrissent 6. — Schéma de la caprification. I, Coupe de la figue d'été du caprifiguier montrant ses fleurs mâles à l'entrée du fruit et, au fond, ses fleurs femelles à style court dans lesquelles, en guise de fécondation, un insecte hyménoptère, le Blastophage, pond son œuf. En sortant de la figue, le nouvel insecte qui éclôt se charge du pollen des fleurs mâles et cette fécondation paradoxale de l'ovaire d'une fleur femelle par une larve d'insecte se répète ainsi sur les fruits d'automne (II) et sur les fruits d'hiver (III) du caprifiguier qui, les uns et les autres n'ont pas de fleurs mâles fertiles. Par une erreur que les Arabes savent mettre à profit (caprification) le Blastophage chargé de pollen au sortir de la figue d'été peut aussi s'égarer sur les figues d'un figuier de Smyrne dans l'ovaire desquelles il ne peut pondre à cause de la longueur du style, (IV) mais sur lequel il dépose le pollen qu'il porte avec lui. La fécondation régulière du figuier de Smyrne par le pollen du caprifiguier donne alors des figues comestibles, les figues de Smyrne n'ayant pas de fleurs mâles fertiles.

dans certaines cellules de l'épiderme de la racine et dont une extrémité sort de cette cellule pour aller puiser dans le sol les éléments de la sève. L'orchidée se sert du champignon pour puiser dans le sol ses éléments nutritifs, mais le champignon trouve aussi, à l'abri des cellules de l'hôte, les éléments qu'une vie indépendante ne lui donnerait pas.

Ici encore une analogie s'impose avec le monde animal.

Depuis longtemps en effet on s'est demandé comment les gros cossus, ces larves grasses et dodues de coléoptères longicornes, faisaient leur compte pour vivre et acquérir un tel embonpoint en s'alimentant exclusivement avec de la sciure de bois. Car, il n'y a pas à dire ; le ver éclôt dans le bois et passe toute sa vie dans l'épaisseur du bois. Personne, dans ces conditions ne peut venir lui apporter à manger du dehors. Et cependant, il vit et il engraisse. Comment fait-il ?

La solution de ce problème de physiologie a été acquise le jour où l'on a découvert que la sciure de bois avalée par le cossus devenait dans son tube digestif une véritable meule à champignons. Ces champignons épanouissent à sa surface une épaisse couche de fructifications éminemment comestibles.

Dès lors plus de difficulté : le ver ne vit pas de sciure de bois ; il se nourrit bel et bien d'un champignon auquel la sciure de bois avalée sert de support et de milieu de culture. Cette explication doit être généralisée à un grand nombre d'insectes ; et, sans vouloir aller plus loin que l'expérimentation ne l'autorise, les animaux supérieurs et nous-mêmes qui donnons asile dans notre tube digestif à bien des microbes utiles à la digestion, nous pouvons certainement dire qu'il existe entre eux et nous des rapports qui, à chaque instant, sont sur les frontières du parasitisme et de la symbiose.

Nous n'insisterons pas, cela nous entraînerait trop loin, sur les phénomènes de symbiose entre végétaux et animaux, plus étonnants encore, on l'imagine à priori, que les précédents : Symbiose des fourmis avec une plante qu'elles adoptent et dont elles détruisent les parasites en même temps qu'elles semblent favoriser sa croissance par l'acidité de leurs pattes : Symbiose de petits hyménoptères avec les figues qu'ils fécondent . . . . et nous avons hâte pour finir, de dire quelques mots des procédés employés par l'arbre de la forêt tropicale pour ruser contre les vagues de la mer.

La Mangrove.

Il vous est souvent arrivé de rencontrer, en naviguant en vue des côtes, des palmiers ou des bananiers déracinés allant à la dérive. Ces arbres n'avaient pas su se défendre contre l'action des vagues et de la marée. Ayant poussé au bord de la mer et battus sans cesse au pied par les vagues, ils avaient fini par être déchaussés et déracinés.

Pour résister à la violence de l'eau, la végétation forestière du bord de la mer se munit de nombreuses racines ramifiées (fig. 15) qui fixent un seul tronc par vingt pieds arc-boutés dans toutes les directions, et à travers lesquels l'eau épuise sa violence sans rien ébranler.

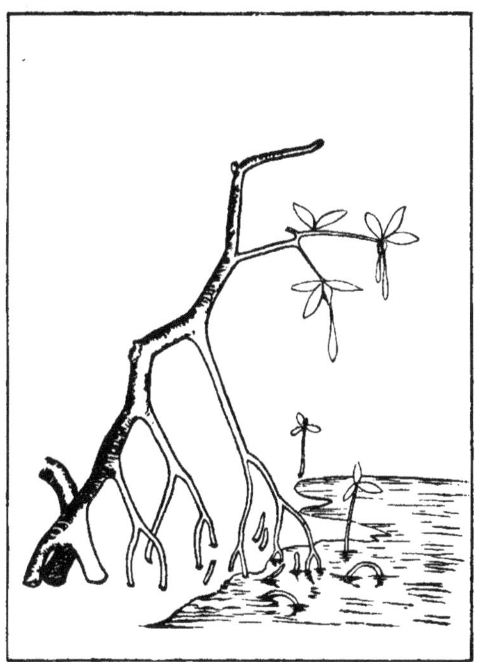

Fig. 15. — Aspect de l'arbre de la forêt tropicale au bord de la mer (Rhizophora mangle ou Palétuvier). On voit les racines-échasses, les racines-asperges et les racines arceaux. On voit aussi les plantules volumineuses renflées en fléchettes encore suspendues à la fleur et prêtes à se ficher dans la vase et à s'y enraciner entre deux marées.

Il est vrai que cette plongée des racines dans une vase salée et mal aérée ne va pas sans dommage pour elles. Beaucoup se redressent et resortent à l'air pour respirer. Puis, ayant respiré, éprouvent de nouveau le besoin d'obéir à leur instinct de racines, qui les pousse à se diriger ver le bas. D'où ces « racines asperges » qui sortent de la vase et ces arceaux qui émergent de place en place au voisinage des racines adventives multipliées.

Mais le subterfuge le plus étonnant comme ingéniosité est certainement celui qu'emploient les fleurs de ces mêmes arbres pour mener à bien leur reproduction.

L'agitation continuelle des vagues et la mobilité de la vase qui en résulte rendent très problématique la germination d'une graine. La fleur a su s'adapter parfaitement à ces conditions défavorables.

D'abord elle permet à la graine de germer dans son sein et d'y acquérir ainsi un certain volume. La plantule qui se forme est, de plus, munie d'une extrémité renflée qui l'alourdit comme une fléchette.

De cette façon, lorsque la plante déjà grande et ainsi lestée tombera à terre, elle se fixera immédiatement dans la vase à une certaine profondeur et, étant donné la rapidité de la croissance en pays tropical, elle aura eu le temps de pousser quelques racines avant l'arrivée de la marée prochaine.

Conclusion

Ainsi, dans son ensemble, cette végétation si immobile et si calme en apparence nous offre dans la forêt tropicale l'exemple des plus ardentes compétitions et de la lutte la plus acharnée où tour à tour la violence et la ruse sont employées pour faire triompher le plus fort ou le plus habile. La ruse surtout s'y étale avec un luxe de modalités dont l'ingéniosité nous déconcerte.

Là où le profane ne croit avoir devant lui qu'un inextricable fouillis de feuilles ou de fleurs plus ou moins bizarres, l'observateur averti sait lire dans chaque rameau qui s'élève un effort vers la lumière, source de la vie ; chaque plante lui donne un conseil d'énergie et de persévérance.

J'ai toujours gardé le souvenir d'un tableau vu il y a bien longtemps dans une exposition de peinture. Nous sommes dans la soute d'un navire qui sombre et que l'eau envahit déjà. Une grappe humaine se cramponne à l'unique escalier de fer qui donne accès au pont du navire, et tous les hommes se battent et se déchirent pour arriver plus vite à la lumière.

C'est une image de ce genre que doit évoquer à vos yeux la vue de la forêt tropicale.

Les soutiers du tableau auquel je viens de faire allusion luttent à coups de couteau, se sautent à la gorge, se martèlent les mains pour se faire lâcher prise ; ils s'acharnent l'un sur l'autre en un duel à mort le long de l'escalier de fer.

Avec des gestes plus lents mais non moins impérieux, cette végétation ardente des tropiques étale de même à nos yeux, en mille combats sauvages, tantôt ses coups d'épines, tantôt ses nœuds étouffants, tantôt ses suçoirs meurtriers ; et l'enjeu de ces combats sauvages est leur existence même.

Cet inextricable enchevêtrement de rameaux et de feuillages, lancé à la conquête de l'air et de la lumière nous crie de toutes ses forces qui sont éternelles que *vivre c'est lutter.*

D^r DE FÉNIS DE LACOMBE,

Professeur à l'Ecole de Médecine et de pharmacie de l'Indochine.

IMPRIMERIE

D'EXTRÊME-ORIENT

HANOI-HAIPHONG